SUR LA MESURE

DES

ÉCHANGES NUTRITIFS

PAR LA

MÉTHODE DE M. LE PROFESSEUR BOUCHARD

MÉMOIRE PRÉSENTÉ AU XIIIe CONGRÈS DE MÉDECINE
ET AU IVe CONGRÈS DE CHIMIE APPLIQUÉE

PAR

M. ALY ZAKY

PARIS

GEORGES CARRÉ ET C. NAUD, ÉDITEURS

3, RUE RACINE, 3

—

1900

SUR LA MESURE

DES

ÉCHANGES NUTRITIFS

PAR LA

MÉTHODE DE M. LE Pr BOUCHARD

SUR LA MESURE

DES

ÉCHANGES NUTRITIFS

PAR LA

MÉTHODE DE M. LE PROFESSEUR BOUCHARD

MÉMOIRE PRÉSENTÉ AU XIIIe CONGRÈS DE MÉDECINE
ET AU IVe CONGRÈS DE CHIMIE APPLIQUÉE

PAR

M. ALY ZAKY

PARIS

GEORGES CARRÉ ET C. NAUD, ÉDITEURS

3, RUE RACINE, 3

—

1900

SUR LA MESURE

DES

ÉCHANGES NUTRITIFS

PAR LA

MÉTHODE DE M. LE Pʳ BOUCHARD

C'est parce que j'ai eu l'occasion, dans mes recher-
ches, de m'occuper un des premiers des idées récemment
introduites dans la chimie de la nutrition par M. Bouchard, que j'ai sollicité la faveur d'en interpréter les principes généraux devant notre section.

Il ne suffit pas, Messieurs, de faire une analyse
d'urine, il faut savoir en tirer les renseignements les
plus utiles au malade ; il faut aussi savoir associer, au
besoin, à la recherche des éléments urinaires les autres
investigations, d'ordre chimique, capables d'éclairer le
diagnostic. Il paraîtrait superflu d'expliquer pourquoi on
ne saurait aujourd'hui, comme on le faisait autrefois, se
contenter, pour apprécier l'état d'un malade, de connaître
les matériaux contenus dans un litre d'urine, sans rap-
porter les résultats au volume des 24 heures. Quand on
a cette dernière notion, il faut encore savoir si on a
affaire à un nouveau-né, à un adulte ou à un vieillard. Il
n'est pas possible, non plus, pour un même âge, d'assi-
miler un nain à un colosse ! Ce sont des choses évidentes.
Mais n'est-il pas aussi évident que le kilogramme cor-

porel n'est pas une unité qu'on puisse adopter comme
terme de comparaison pour l'estimation de l'intensité
nutritive ? Il y a, Messieurs, un autre kilogramme qui est
la seule bonne unité, l'unité vraie. En effet, quand le
corps d'un homme normal double de poids, par le fait
de l'obésité, au kilogramme normal s'est ajouté un kilogramme de graisse, de sorte que le kilogramme du corps
de cet obèse représente un demi-kilogramme de corps
normal additionné d'un demi-kilogramme de graisse. Or
la graisse est inactive et, au point de vue de l'activité
vitale, 1 kilogramme de l'obèse que nous considérons
ne doit être comparé qu'à un demi-kilogramme de
l'homme normal. Si ces deux hommes avaient la même
activité, ils devraient tous deux émettre une même quantité d'urée, par exemple, et le kilogramme de l'obèse
n'en devrait produire que moitié moins que le kilogramme d'homme normal. Or l'analyse nous a donné
pour l'obèse un chiffre supérieur à la moitié de ce qu'elle
nous indique pour l'homme normal. La raison de cette
apparente anomalie est que l'activité nutritive augmente
chez l'obèse, non par action des causes de l'obésité,
mais du fait même et comme conséquence de cette obésité.
Cette obésité, en effet, augmente la surface du corps, c'est-
à-dire la déperdition du calorique et exige, pour maintenir
l'invariabilité de la température, une destruction plus
active de la matière. Il faut donc tenir compte non seulement du poids mais encore de la surface allouée à
l'unité de poids, car il se fait une incitation à la destruction de la matière proportionnelle à l'étendue de la surface du corps. Il n'y a toutefois qu'une bonne manière

de tenir compte du poids. Le kilogramme corporel est, en effet, d'après ce que nous avons dit, une unité de composition inconstante, il contient plus ou moins de parties inertes. Ce qui est actif, ce qui commande et effectue les métamorphoses de la matière, ce n'est ni l'eau, ni les substances minérales, ce n'est pas non plus la graisse, mais c'est l'ensemble des tissus azotés ; dans ces tissus, c'est l'albumine. Nous sommes donc amenés à cette conception nouvelle, fondamentale, que la seule unité active, c'est-à-dire, l'unité réelle, c'est le kilogramme de l'albumine constitutive de nos tissus. Ce n'est pas toute albumine, ce n'est pas l'albumine circulante, celle du sang ou de la lymphe ; c'est l'albumine fixe qui, à la faveur de l'eau et en utilisant la partie minérale, accomplit dans l'économie tout ce qui est action. Le kilogramme d'albumine fixe sera donc notre unité vivante. Nous l'adoptons.

Pour faire une bonne détermination de la valeur des échanges nutritifs, nous sommes ainsi amenés à la nécessité de connaître deux choses : nous devons d'abord déterminer la surface du corps, nous devons aussi déterminer le poids de la substance agissante de l'organisme, c'est-à-dire de son albumine fixe.

Pour acquérir plus facilement ces deux notions de surface et de matière vivante, M. Bouchard considère l'homme comme ayant une forme simple géométrique, c'est-à-dire comme un cylindre dont la hauteur est la taille de l'individu, le volume celui de l'individu, la masse son nombre de kilogrammes. Ce cylindre est supposé divisé en tranches ou segments de 1 décimètre de hauteur. *Le segment anthropométrique* est ainsi cette fraction de cylindre total qui a pour hauteur l'unité, c'est-à-dire le décimètre, pour formule $\frac{P}{H}$, c'est-à-dire le poids exprimé en kilogrammes divisé par la taille exprimée en décimètres. La formule simple $\frac{P}{H}$ indique le poids du segment et, sensiblement, son volume.

Le segment anthropométrique est donc un cylindre dont la hauteur est 1 décimètre et dont la base a pour surface un nombre de décimètres carrés qui sera également $\frac{P}{H}$. Les individus différeront: 1° par le nombre de segments dont la superposition constitue le corps; 2° par le volume et par la composition de ces segments.

C'est, Messieurs, cette notion du segment anthropométrique qui rend possible l'estimation de la composition du corps, de la part proportionnelle de chacun des principes immédiats dans cette composition. La composition moyenne du kilogramme de corps humain est, d'après Von Noorden, de :

Albumine.	160 grammes
Graisse.	130 —
Eau.	660 —
Matières minérales.	50 —

Vous aurez la composition du segment en multipliant chacun de ces nombres par $\frac{P}{H}$, c'est-à-dire par le poids du segment exprimé en kilogrammes. Pour un individu pesant 64 kilogrammes, ayant une taille de $1^{m},60$, $\dfrac{P}{H} = \dfrac{64 \text{ kilogrammes}}{16 \text{ décimètres}} = 4$. Le segment contient $160 \times 4 = 640$ grammes d'albumine, $130 \times 4 = 520$ grammes de graisse, etc..., à condition, naturellement, que 4 soit le poids normal du segment d'un homme de cette taille. Nous connaissons le poids de l'albumine totale du segment, si nous en déduisons l'albumine du sang et de la lymphe, c'est-à-dire l'albumine circulante, nous aurons le poids de cette albumine fixe qui nous intéresse surtout, dont le kilogramme est notre unité. On trouve ainsi que le kilogramme de l'homme normal renferme 148 grammes d'albumine fixe. Si le segment pèse 4 kilogrammes, vous aurez $148 \times 4 = 592$ grammes d'albumine fixe pour le segment normal considéré. Mais comment peut-on savoir de combien le rapport $\dfrac{P}{H}$ d'un malade, c'est-à-dire le segment réel de ce malade, diffère du segment normal. Il n'y a pas un segment normal unique. Les variations de poids, en effet, ne sont pas seulement proportionnelles à la taille, car à mesure que la taille augmente, si les os deviennent plus longs, ils deviennent également plus larges, plus épais; les muscles deviennent plus gros. Il fallait donc dresser le tableau des segments des hommes normaux de chaque taille, c'est-à-dire le tableau des segments moyens, pour ne comparer entre eux que des segments correspondant à une même taille. S'il y a un segment moyen pour chaque taille, il n'y a cependant pas, pour chaque taille, un unique segment moyen. Des hommes normaux, d'une même taille, peuvent avoir des poids différents, une corpulence différente, sans cesser d'être des hommes normaux. Il est dès lors nécessaire d'effectuer des corrections relatives à l'âge, à la musculature et à la complexion. Outre le tableau des segments moyens correspondant à la taille, calculés par centimètre de $1^m,40$ à 2 mètres, M. Bouchard nous a donné les coefficients de correction relatifs à l'âge, à la musculature et à la complexion. C'est en multipliant par ces coefficients de correction les données relatives au segment moyen que l'on peut établir ce que serait, comme poids et comme composition, le corps d'un sujet si ce sujet était normal. C'est le segment normal qui se trouve déduit par ces calculs du segment moyen. On peut dès lors comparer le segment réel au segment normal. Nous connaissons le poids du segment réel par la mesure du poids et de la taille du sujet. Les différences de poids du segment réel et du segment normal nous conduisent à connaître la composition du segment réel. Si le poids du segment réel est supérieur au poids du segment normal, la différence est attribuable exclusivement à la graisse. Si le poids du segment réel est inférieur au poids du segment normal, la différence porte à la fois sur la graisse et sur l'albumine. On sait, en effet, que pour 1 gramme de perte de poids par amaigrissement, l'homme perd $0^{gr},21$ de graisse et $0^{gr},14$ d'albumine fixe. Connaissant ainsi la quantité d'albumine du segment réel, on n'a plus qu'à multiplier cette quantité par le nombre de segments, c'est-à-dire par le nombre de décimètres de la taille, pour avoir l'albumine totale du corps. Nous avons donc le moyen de mesurer l'albumine fixe du corps; il nous resterait à dire comment on peut en déterminer la surface. Différents procédés ont été proposés. On aura donc le choix.

M. Bouchard indique une nouvelle méthode : il utilise encore, pour la mesure de la surface, le segment anthropométrique tel que nous l'avons défini plus haut. Les dimensions de ce cylindre élémentaire, convenablement combinées, conduisent à des formules qui permettent, avec l'aide de quelques coefficients de correction, d'obtenir la surface totale du corps. M. Bouchard a d'ailleurs pris la peine d'effectuer d'avance tous les calculs préliminaires et a dressé, de ces résultats, un tableau qui permet de déterminer la surface du segment anthropométrique à l'aide de trois opérations simples : une multiplication, une division et une addition. Et l'on a ainsi les surfaces de tous les segments dont le poids est compris entre 1,49 et 10,21, c'est-à-dire tous les cas qui se rencontrent dans la pratique.

EXCITATION CATALYTIQUE

Pour tirer profit de ce que nous connaissons maintenant, ce que nous avons à considérer, c'est non le rapport de la surface au poids du corps, mais le rapport de la surface au poids de l'albumine fixe. Nous saurons ainsi que l'unité de poids de matière agissante, le kilogramme d'albumine, peut avoir 10, 20, 25 décimètres carrés à sa disposition. Ces nombres, soit à l'état normal, suivant l'âge et la taille, soit dans les états pathologiques d'obésité et de marasme, présentent de telles différences qu'on ne peut nullement négliger l'estimation de la surface corporelle, quand on veut apprécier l'intensité de l'activité destructive, puisque nous savons que la destruction est en rapport avec la surface. Sachant, par exemple, ce qu'un homme perd d'urée par kilogramme d'albumine fixe et par heure, il faut rechercher de combien de décimètres carrés se compose la surface d'émission allouée au kilogramme d'albumine fixe de cet homme. On doit ensuite la comparer à la surface d'émission d'un homme moyen de même taille, afin d'en déduire ce que serait la destruction si cet homme, gardant son activité catalytique, était incité à la destruction par la déperdition de calorique, telle qu'elle s'effectue par la surface moyenne.

Je crois nécessaire de m'expliquer. Divisant la surface par le poids de l'albumine fixe, nous avons la quantité de décimètres carrés qui servent de surface d'émission au kilogramme d'albumine fixe. Plus cette surface est grande, plus est grande l'incitation à la destruction, c'est-à-dire l'*excitation catalytique*. Si vous voulez le degré de cette excitation, il faut comparer la surface d'émission par kilogramme d'albumine fixe, chez le sujet étudié, à la même surface chez l'homme moyen de même taille. Divisant la première par la seconde, vous avez le *coefficient d'excitation catalytique*.

Nous savions que la vie provoque la destruction de la matière proportionnellement à la surface du corps ; nous savons donc, en outre, comment on peut comparer cette incitation chez différents individus.

HISTOLYSE

L'histolyse est la destruction de l'albumine fixe des tissus.

Pour la mesurer, il faut diminuer le plus possible les besoins fonctionnels de l'organisme et ses besoins de calorification, il faut donner satisfaction par des aliments non azotés à ce qui persiste de ces besoins, recueillir l'urine aussi loin que possible du dernier repas azoté, sans que cependant le sujet soit en état d'abstinence. Pour cela, on recueille les urines du matin, de 7 heures à 10 heures, le sujet restant couché; il prend à son réveil une boisson sucrée. Dans les urines ainsi recueillies, on dose l'azote total; le chiffre de ce dernier multiplié par 6,737 donne l'albumine correspondante. La qualité de l'histolyse se mesurera par la quantité d'albumine totale élaborée, pendant l'unité de temps, par l'unité de poids de l'albumine fixe.

Nous pouvons ainsi savoir quelle quantité d'albumine, tant fixe que circulante, est élaborée, par l'unité de poids de l'albumine des tissus, dans les conditions que nous venons de fixer. On admet en outre que cette unité de matière agissante est incitée à la destruction par une surface d'émission normale. Il reste à savoir ce que perd, dans les mêmes conditions, un homme de même âge. M. Bouchard a dosé l'albumine détruite, par kilogramme d'albumine fixe et par heure, chez des sujets sains dont l'âge était compris entre 14 et 70 ans. Il a pu ainsi dresser un tableau où est indiqué, en regard de l'âge, le nombre de milligrammes d'albumine détruits en une heure par kilogramme d'albumine fixe.

Dans une seconde colonne, se trouve la fraction de l'albumine totale, fixe et circulante, qui est détruite en 24 heures. Connaissant ainsi le nombre de milligrammes d'albumine réellement détruite, chez un sujet, en une heure, par le kilogramme d'albumine fixe, si on divise ce nombre par le coefficient d'excitation catalytique, on a le nombre de milligrammes qui seraient vraisemblablement détruits si la surface d'émission était moyenne. On aura enfin le chiffre de l'activité histolytique en divisant ce dernier nombre par le chiffre de milligrammes d'albumine que le kilogramme d'albumine fixe élabore en une heure, chez un homme sain, de même âge que le sujet étudié, ce chiffre étant fourni par le tableau de l'activité histolytique suivant les âges.

La notion de l'activité histolytique est la plus importante : c'est elle qui permet de comparer l'intensité vitale dans les diverses phases de la vie normale, de comparer l'état morbide à l'état normal, d'établir que certains individus, avec une apparence normale, ont une rénovation de leurs tissus moins rapide que d'autres hommes observés dans les mêmes conditions.

GLYCOLYSE

Nous connaissons le principe de la mesure de l'histolyse. Voyons maintenant comment on peut mesurer l'activité destructive du sucre par les tissus, c'est-à-dire la glycolyse.

La consommation du sucre varie suivant les états de santé ou de maladie : c'est une chose évidente. Elle varie aussi suivant les âges.

Des expériences faites par M. Bouchard, il résulte, par exemple, que, pour un sujet de 17 ans, la consommation totale possible de sucre, rapportée au kilogramme fixe, était de $93^{gr},7$. Chez un homme dans la maturité de l'âge, c'est-à-dire de 40 ans, elle était de $62^{gr},2$. Il est bien entendu que nous supposons des conditions bien déterminées, par exemple, l'état de moindre sollicitation à la destruction, l'homme étant au lit, au repos, soustrait aux causes de refroidissement. Cette propriété de la substance agissante de nos tissus, c'est-à-dire de l'albumine, de transformer, en 24 heures, $62^{gr},2$ de glucose, ce sera pour nous l'*unité*.

L'homme sain a une consommation toujours inférieure à l'unité. Chez l'homme de 40 ans dont nous venons de parler, la consommation moyenne était de $37^{gr},6$, ce qui, par rapport à $62^{gr},2$, chiffre maximum de consommation possible, est comme 0,60 par rapport à 1.

Tant que cet homme n'a pas de sucre dans l'urine, on ignore sa puissance glycolytique ; si on peut la mesurer, c'est en l'obligeant, par excès de l'apport, à voir apparaître le sucre dans ses urines. Pesez ce que l'homme ingère d'hydrates de carbone, dosez l'azote total des urines, vous saurez quelle quantité de sucre l'homme a élaborée ; vous ne saurez pas ce qu'il peut élaborer. Mais si l'ingestion restant ce qu'elle est, lorsque la consommation moyenne est de $37^{gr},6$, comme chez notre individu de 40 ans, vous arriverez quelque jour à trouver du sucre dans les urines, vous pourrez conclure que cet individu est arrivé à peine à détruire la quantité de sucre normalement formée, que son activité n'est plus 1 mais 0,60. Quiconque n'a pas de sucre dans l'urine aura une activité glycolytique comprise entre 0,6 et 1. Tout malade diabétique a une activité glycolytique inférieure à 0,6. Et c'est, Messieurs, entre 0 et 0,6 que sont compris tous les degrés de la nutrition du diabétique.

Voici comment on les détermine :

Supposons un diabétique chez qui le sucre disparaît sous l'influence de l'éloignement du repas ou du changement de régime. Notons l'heure qui marque le début de l'expérience. Nous administrons alors du sucre en quantité faible, qui, renouvelé d'heure en heure, provoque une glycosurie modérée. Nous maintenons cette glycosurie pendant plus de 24 heures ; le malade récolte la totalité de ses urines et suit le régime alimentaire ordinaire, ne contenant comme hydrates de carbone que le sucre dont nous connaissons la quantité. Nous cessons de faire ingérer du sucre, au bout de 5 heures, par exemple.

Nous continuons à recueillir les urines et nous notons l'heure à laquelle le sucre disparaît. L'expérience est terminée. La provision de glycogène, à la fin de cette glycosurie, doit être la même qu'au début de l'expérience, l'état final identique à l'état initial.

Nous dosons, dans les urines, le sucre et l'azote total. En multipliant par 3,759 le chiffre de l'azote total,

nous avons le sucre formé par hydratation de l'albumine;
à cette quantité, nous ajoutons le poids du sucre ingéré.
La somme correspond au poids de sucre mis à la disposition de l'organisme.

Nous retranchons de cette quantité le sucre trouvé
dans les urines; nous avons, par différence, le poids du
sucre élaboré que nous rapportons à 24 heures et au
kilogramme d'albumine fixe. Le nombre obtenu divisé
par 62,2 donne l'activité glycolytique de notre sujet.

Dans la pratique, on peut opérer plus simplement,
qu'il s'agisse, d'ailleurs, d'un diabétique continu ou in-
termittent.

Le dernier repas ayant eu lieu la veille à 7 heures,
faisons uriner notre malade à 7 heures du matin et administrons une boisson aromatique additionnée de 100
grammes de sucre. Le malade reste au lit, sans prendre
aucun aliment; les urines sont récoltées jusqu'à midi.
On dose le sucre et l'azote total de ces urines. Bien entendu, si elles ne contenaient pas de sucre, on recom-
mencerait l'expérience un autre jour, avec une dose
double de saccharose.

Application. — Je vous demande, Messieurs, pour
rendre mon rapport plus intelligible, la permission de
vous présenter une application générale des principes
précédents. Voici la feuille d'observation d'un diabétique,
dans laquelle se trouvent calculées, à l'aide des tableaux
dressés par M. Bouchard, toutes les données nouvelles
dont nous avons essayé de faire ressortir l'importance.

FEUILLE D'OBSERVATION

Nom, X. *Salle* *N°* *Date*, 3 Juin 1900.
Sexe, masculin. (correction pour la surface, 1)
Age, 66 ans. (correction pour le poids, 1)
Complexion, moyenne. (correction pour le poids, 1)
Musculature, moyenne. (correction pour le poids, 1)
Diagnostic, diabète sucré.

Données anthropométriques,. . . . . { Poids $P = 69$ kg.
Taille $H = 16^{dcm},09$
Tour de taille $C = 9^{dcm},6$

	$\frac{P}{H}$	$\frac{S}{H}$	$\frac{A}{H}$	$\frac{S}{A}$	A	$\frac{H}{G}$	G
Segment moyen.	3,96	11,07	586	18,89	9.441	515	8291
Segment normal.	3,96	×	586	×	×	515	×
Segment réel.	4,29	11,64	586	19,87	9.441	845	13596

Corpulence
Adiposité
Excitation catalytique, 1,05
Activité histolytique, 0,91
Fraction de l'alb. totale qui serait détruite en 24 h. $\frac{1}{149}$
Activité glycolytique, 0,38

Quantité de l'urine émise en 24 heures : 1008 centimètres cubes.
Densité, 1025.

Composition par litre. . {
Chlorure de sodium. 11,16
Urée. 32,80
Azote de l'urée. 15,31
Azote total. . . . 17,63, en 24 h. 17,16
Carbone de l'urée. 6,78
Carbone total.. 28,14
Acide phosphorique.. 4,10
Sucre en 24 h. 29,02

Données de l'analyse urinaire par kilogramme d'albumine fixe et par heure.
(Les poids en milligrammes, la quantité d'urine en centimètres cubes.)

URINE	URÉE	AZOTE DE L'URÉE	CARBONE DE L'URÉE	AZOTE TOTAL	CARBONE TOTAL	ACIDE PHOSPHORIQUE
6,6	97	45,3	19,4	49,2	49,3	

| Si la surface était normale. | 92,4 | | | 46.9 | | |

Albumine réellement détruite par heure et par kilogramme d'albumine fixe, 331,4
Albumine qui serait détruite si la surface était la surface moyenne, 302, normale, 331

Fraction de l'albumine totale qui serait détruite en 24 heures, $\frac{1}{149}$, normale, $\frac{1}{136}$

En cas de glycosurie.

En 24 heures et par kilogramme d'albumine fixe. {
Sucre éliminé. 3,07
Sucre formé par l'hydratation de l'albumine élaborée 6,83
Sucre ingéré. 20
Sucre consommé. 23,76

Voilà, Messieurs, comment se traduit par des chiffres la valeur des divers actes de la nutrition. A côté de la valeur de l'acte à l'état normal, vous avez la valeur du même acte, à l'état pathologique. J'ai négligé volontairement les coefficients urinaires, tels que celui fourni par le rapport du carbone total à l'azote total, introduits récemment en clinique par M. Bouchard. Leur étude m'eût entraîné trop loin. Ils serviront, dans tous les cas, à compléter, à corroborer les indications fournies par la méthode générale que nous venons d'étudier. Celle-ci constitue, comme je pense vous l'avoir montré, Messieurs, une innovation d'importance capitale, puisque c'est l'introduction en médecine des mesures précises sans lesquelles il ne peut exister de véritable science. La méthode du Pr Bouchard pourra se modifier, se transformer même, sous l'influence des découvertes que nous réserve l'avenir; elle n'en jette pas moins les bases d'un ensemble de procédés nouveaux qui serviront à caractériser les diverses phases des maladies de la nutrition.

CHARTRES. — IMPRIMERIE DURAND, RUE FULBERT